U0946753

南怀瑾

讲述系列

南怀瑾
谈
性格与人生

上海人民出版社

出版说明

南怀瑾先生一九一八年诞生于浙江温州乐清一个世代书香之家，二〇一二年九月去世，南先生抗日战争时期投笔从戎，后赴台湾，执教于台湾文化大学、辅仁大学。又远赴美国、欧洲等地，考察讲学。门生弟子遍天下。先生长期精研国学，读书数十万卷，于儒、道、佛皆有精湛造诣，兼通诸子百家、诗词歌赋、天文历法、医学养生诸学，对西方文化亦有深刻理解，学贯中西，著作等身，堪称一代宗师，在中西文化界享有巨大声望。

南怀瑾先生关心国家统一、民族振兴大业，一生致力于复兴中华优秀传统文化。奔走各地，建立学堂，讲解传授，为弘扬、传承民族传统文化之精粹尽心尽力。其成就贡献，举世称誉；其执著精神，感人至深。

南怀瑾先生著述等身，不落窠臼，常以其亲身经历和独到见解，结合历史事实和先哲智慧，阐扬优秀传统、人生哲学，使现代人得以了解中国文化、历史、哲学的精深奥秘，并帮助现代中国人进一步建立文化归属感，增强民族自信心。

《南怀瑾谈性格与人生》选编自南怀瑾先生的《论语别裁》、《孟子旁通》、《老子他说》、《大学微言》、《历史的经验》等著作，分为“由成败看人性”、“由死亡看人性”、“由处世看人性”、“由勇气看人性”、“由进退看人性”五章，使读者有机会在南怀瑾先生轻松家常的口气中，领悟到“人生遭遇，有幸与不幸。虽曰人事，岂非天命哉！虽曰天命，岂非人事哉”的深刻道理，明白人生遭遇和事业成败皆在于自己，不要以外来因素掩饰性格中的缺陷，内讼自省，让自己人生更圆满，事业更上层楼。

本书原由台湾老古文化公司出版，现以简体字予以重排，以飨读者。

上海人民出版社

二〇一九年五月

目 录

出版说明 ... 1

第一章 由成败看人性 ... 1

不能？亦不为？ ... 3
忍胯下之辱 成就功名 ... 7
苏秦的书生本色 ... 8
环境塑造个性 ... 11
利用安身 ... 12
能成就大业之齐桓公性格 ... 14
秦始皇的性格是如何形成 ... 15
两个女人的性格造就儿子不同的命运 ... 19

成功和失败者的性格 ... 23
取而代之? ... 25

第二章　由死亡看人性 ... 27

断死　断生 ... 29
义重于生，舍生可也 ... 30
乱世中不必拘小节而丧命 ... 32
季布摧刚为柔　不轻易抛生 ... 34
夸夫殉权，烈士殉名 ... 36
大智面对死亡 ... 37
管仲自负其才可济世，不轻易死 ... 39
因耿直冤死 ... 41

第三章　由处世看人性 ... 43

有容乃大 ... 45
落花 ... 45
有人富贵不得 ... 46
涉世深浅 ... 47

以智化怨——挫其锐，解其纷 ... 48
曲则全 ... 52
淡泊天命，胸怀大志 ... 53
难得糊涂 ... 55
善于易者不卜 ... 59
有智慧的爱 ... 60
只能穷不能愁 ... 62
得意忘形，失意也会忘形！ ... 65
察其所安 ... 67
闻义不能徙，不善不能改 ... 68
忧国不忧心 ... 69
三人行必有我师 ... 70
个性与人生志向 ... 71
见过能自省者，几乎没有！ ... 73
孔子评得意门生性格 ... 74
连坏人都喜欢诚实人 ... 76
成功、失败皆由自己定之 ... 77
不忮不求，何用不臧？ ... 78
路留宽一点 ... 79
人生志向与境界 ... 80

直而无礼则绞 ... 82

第四章　由勇气看人性 ... 83

性格中真正的勇气 ... 85
有勇无谋 ... 88
勇而无礼则乱 ... 89

第五章　由进退看人性 ... 91

知终终之 ... 93
乾乾因其时而惕 ... 93
功高震主 ... 94
欲及时也，故无咎 ... 96
用之则行，舍之则藏 ... 98
功成身退 ... 103
进退之间 ... 105
邦有道不废，邦无道免于刑戮 ... 107

第一章

由成败看人性

/

不能？亦不为？

古今中外，许多被后世认为是多么伟大，能影响千秋万世的人物，在当时，大多数都是那么凄凉寂寞的。因为他们在生前不重视短见的唯利是图，对自己个人，对国家天下事，都是以如此的人品风格来为人处世的。

之一

司马迁举出驺衍与孟子两个不同性格的人，在当时处境下，作一强烈的对比。

孟子见齐宣王、梁惠王，陈述那些理论思想的时候，是如何的受到冷落；而与孟老夫子同时代的驺衍他们，比起孟子所受的待遇，便大大不同了，可谓备受礼遇。

司马先生拿当时极受尊敬的驺衍，和备受冷落的孟子作强烈的对比，给大家看。这是历史时代的悲剧？还是人生的悲剧？抑或闹剧？或者是现实荣华和千古盛名的对照呢？

许多人都在感叹这个社会、这个时代，太重现实。其实，在任何时代，任何地区，人活在世间，就要生存；渐渐的，慢慢的，不知不觉就会重视现实。感叹别人重视现实的我们，在基本的生活和生存条件上，老实说，有时又何尝超越现实？何尝不重视现实呢？只是角度不同，观点不同，程度不同而已。

可是却有极少数的人，他始终漠视现实，为崇高的理想而努力，放弃自我而为天下人着想，不顾自己短暂一生的生活现实，而为千秋万代着眼。因此，也就受到人们一种超越的崇敬，称他为“圣人”了。

持方枘欲内圜凿，其能入乎？

司马迁接着说，孔子、孟子他们，并不是不懂得怎样去“阿世苟合”，向时代风气妥协，为了自己本身的现实利益，随便去迎合别人的意见。实在是非不能也，是不肯为也。所以他们的个性是宁可为真理正义穷困受苦，也不愿苟且现实，追求那些功名富贵。

因此，他们所讲的那些天理人伦，政治道德的理想，对于现实社会，就好比拿一个方形的塞子，要想把它放进一个圆形的孔中一样，彼此都是格格不入的，哪里能够达到救世济人的目的呢？“持方枘欲内圆凿，其能入乎？”

之二

随后司马先生又举例：商汤时代，伊尹不得志的时候，为了实现他的理想，想尽办法，去作商汤厨师。因此受到商汤的赏识，请他当辅相，发展了他的抱负，使商汤成为历史上的名王，他自己也达到实现理想的目的，而名留千古。

又像春秋末期的百里奚一样，在他穷困的时候，只帮着那些赶牛车的人喂牛，混口饭吃。但结果他利用了喂牛的机会，而受到秦穆公的重视，请他当辅相，因此使秦始皇的上代富强起来。

这些过去历史上的人物，也不错啊！为什么呢？有理想，有抱负，尚未得志时，不妨在个性上将就别人一点，先取得别人的信任，肯与你合作以后，才慢慢地引导他们走上大道："先合作，然后引之大道。"那也是一种处世的办法啊！

之三

至于说，究竟是孔子、孟子那种严正的个性和做人处世的态度对呢？还是驺衍他们那种个性和立身处世的方式对呢？碰到这种问题，司马迁往往不下一个肯定的结论，这是很有趣味、也很高深的人生哲学问题。

有矛盾，也有相辅相成的作用。

是与非，由读者自己去作答案。

人生遭遇，有幸与不幸，

虽曰人事，岂非天命哉？

虽曰天命，岂非人事哉？

/

忍胯下之辱　成就功名

韩信没有得志以前，不但要受市井无赖的胯下之辱，而且饥饿时，想吃一口饭都不容易，没有人理他，只有一个不知姓名的洗衣服老太太，可怜他的遭遇，把自己带出来的饭包施舍给他，让他吃了一餐饱饭。

后来，韩信功成名遂，当了三齐王回到故乡时，不但没有报复那个叫他爬在裤裆下的无赖少年，反而鼓励他、感谢他。同时，他又寻访那个施舍他一个饭包的洗衣妇人，但始终没找到。

于是韩信只好把千两黄金，投在当年那个洗衣妇洗衣服的那条河里，表达他无限的谢意。这是历史上有名的韩信以千金投河，感谢漂母一饭之恩的故事。

因为韩信具有含垢忍辱、受恩必报、受辱不怨的这种气度和性格，也就是他一生事业成功的主要条件。

在现实的人生中，只为自己一身的动机而图取功名富贵的谋身者，便是凡夫。

能舍生取义，只为忧世忧人而谋国、谋天下者，便是圣人。

/

苏秦的书生本色

苏秦未成名之前从秦回乡，结果“妻不下饪，嫂不为炊，父母不与言”。下面是苏秦成功后，再回到故乡后的记述：

苏秦之昆弟妻嫂侧目不敢仰视，俯伏侍取食。苏秦笑谓其嫂曰："何前倨而后恭也?"嫂委蛇蒲服，以面掩地而谢曰："见季子位高金多也。"苏秦喟然叹曰："此一人之身，富贵则亲戚畏惧之，贫贱则轻易之，况众人乎!"

苏秦当时那种威风荣耀，比起唐朝的士子们，考取了进士便自比作登仙而升天的情景，远有过之而无不及。这个时候，他的父母兄弟妻嫂，全家人都出动到郊外去欢迎他。

苏秦看了这种情景，就笑着对他的大嫂说，你在我当年失意回家时，不肯为我做饭，现在为什么又这样地多礼呢?

我们读了苏秦这句"何前倨而后恭也"的问话，果然觉得他也未免有点小气。但要知道，这是人之常情，除非真正的圣哲，可以淡忘过去的嫌隙。不然，任何一个平常人，都会有这种介意的心理存在。只是耿耿在心的介意，没有采取难堪的报复做法，已经算是第一流的豪杰之士，何况苏秦还坦坦白白地用笑脸说出他的幽默话呢!

他的嫂子听了苏秦类似讥讽的幽默以后，挂不住了，生怕苏秦会拿权势来报复她，干脆便一跪到地，扑下了身子，正如后世所谓的五体投地地拜倒在地，一面向他道歉，一面说了一句非常坦白的良心话，因为我现在看到你官位又高，钱又多，所以我要对你好好地巴结了！这句“见季子位高金多也”真让人拍案叫绝。

苏秦问得讥讽、幽默。苏大嫂答得也真够坦率，真够心直口快，说出了千古人情的真话。人与人之间的真诚礼敬，是要极高度的学问修养才能做到。否则，绝对纯朴，没有学识的人也能做到。

我想这种人生滋味的经验，在每个人的心史上，或多或少都有过记录的。只是在这里，经由苏秦叔嫂两人的对话中，坦白地说出人情世态的真相。

在艰苦中成长的人，往往由于心理上的阴影，会导致变态的偏差。

这种偏差，便是对社会对人们始终有一种仇视的敌意，不相信任何人，更不同情任何人。爱钱如命的悭吝，还是心理变态上的次要现象。相反的有气度、有见识的人，他虽然从艰苦中成长反而更具同情心，和慷慨好义的胸襟情怀。因为他懂得人生，知道世情的甘苦。

所以我们要知道，像苏秦那样的人物，在踌躇满志的时候，仍然能不失书生本色，幡然醒悟到人生哲学的道理，总算不太容易。

宋人陈仲微有说："禄饵可以钓天下之中才，而不可啖尝天下之豪杰；名航可以载天下之猥士，而不可以陆沉天下之英雄。"

环境塑造个性

苏秦曾说：假如我当年自己手里有靠洛阳城郊的好水田两百亩（一顷一百亩），那我宁可在家里享受田园之乐，在农村社会做一个小小的富家翁，享享福，谁又愿意出去奔走四方呢！

不过，苏秦真要有那种好的家庭环境，那么，他今天哪里可能一身掌有六个国家的辅相大印呢？

人生的祸福都很难说。我们如果从道德果报的观点来看，便有后世宗教家们所说的："祸福无门，唯人自召。"如果只从哲学的观点来看，便符合"塞翁失马，焉知非福；塞翁得马，焉知非祸"的至理名言。

然而，我们在现实的人生社会里，必须在逆境中操练出独立不倚的操守和性格，才能挺拔在"位高金多"的俗世之中，并因而有一番作为和成就。

/

利用安身

在宋元以后，禅宗里出了一位普明和尚，把心性的修养，比作牧牛，从一头野牛修到物我双忘，分了十个步骤。

第一是“未牧”，好比恣意咆哮，随意践踏禾苗的野牛。

第二是“初调”，已经穿上了鼻子，随着人意牵着走。

第三是“受制”，不再乱走，牛绳子可以放松一点。

“回首”是第四，癫狂的心境比较柔顺了，但是还要牵着鼻子走。

“驯伏”第五，可以自然收放，不必牵了。

“无碍”第六，可以安稳不动，不必让人费心。

“任运”第七，牧童可以睡大觉了。

“相忘”第八，牧人和牛两无心。

“独照”第九，到了无牛的境界，人的一切妄心已除。

最后“双泯”，则人也不见，牛——心也不见。

世界上任何一个人，在心理行为上，即使一个最坏的人，都有善意，但并不一定表达在同一件事情上。

有时候在另一些事上，这种善意会自然地流露出来。

/

能成就大业之齐桓公性格

齐桓公延揽管仲为宰相时，曾自承自己好打猎、好喝酒又好色，问管仲说："其犹尚可以为国乎？"这三大毛病延误不少国家大事，还可以当一国之领导人吗？

管仲说："人君唯优与不敏则不可。优则亡众，不敏不及事。"做一个国家主体的领导人，最要紧的不能是一个优哉游哉、优柔寡断、没有智慧、拿不定主张的个性。同时，又不够聪明，碰到事情，反应不敏捷。如有这两种毛病，实在不足以担当治国的重任，因为优柔寡断、马马虎虎，使部下轻视，失去恭敬信仰的重心，能干肯干的人才就别有作为了。如果碰到事情，反应不灵，缺乏决断，糊里糊涂，那还能做什么事呢？

其实，管仲还不好说：齐桓公，你是一个够聪明的坏蛋，正因为太聪明，所以坏处不少。但你能听鲍叔牙主张，放弃了仇视我的心理，要我来总理国事当宰相，有决断、有勇气、有气魄，敢放胆一试，可见不是一个笨蛋。尤其胸怀潇洒，豪爽而不自欺，敢于自我批评、自我检讨，说自己的坏处，就不是一般人所能做到的格局了。

因此，管仲就使齐桓公在当时的历史上，做到有名的大事。所谓“一匡天下，九合诸侯”，达四十多年之久。

人性有善恶兼具的根底，

去恶为善是健康的人生，

蔽善从恶便是病态的人生。

/

秦始皇的性格是如何形成

秦始皇身世堪怜，生母原是吕不韦的姨太太，被送给秦王孙异人当太太，后来异人登位时，起用吕不韦为相国，封“文信侯”。但异人只做了三年国王就死了，儿子嬴政（秦始皇）即位，称吕不韦为“仲父”。从此吕不韦就经常出入宫廷，又与其生母私通。

后来正当少壮盛年还只二十出头的秦始皇，在登位不到十年多，知道宫廷内部发生重大的丑闻，而且当事人就是生母，和从小跟随长大的“仲父”吕不韦。

大家试想，假定我们中任何一个人是他，不可能不气疯了，也许，就会出家入山，或者造成另一种心理变态或精神分裂。所以他当时把生母（太后）迁出宫廷，住到首都的边远小邑，并且下令：对这件事的处置，如有人要上谏，“敢谏者死”。那种心理上的矛盾，是很难想象的。

在这样要命的严威中，那些死守中国文化孝道的儒生们，居然一个接一个来劝谏，因而被杀掉的，已经二十七人。这就是历史上说秦始皇暴君的第一幕。

但正在他暴怒杀谏者的时候，居然又来了一个齐国儒生茅焦，要求面见皇帝进谏。秦始皇一听又有一个不怕死的来了，气得暴跳如雷大叫着：快拿大锅来，要活活地烹了这个家伙。茅焦看了现场一眼，慢慢地一步一步走到他的前面，说："臣闻有生者不讳死，有国者不讳亡。……死生存亡，圣主所欲急闻也。陛下欲闻之乎?"秦始皇听了说：你还有什么话要说。茅焦说："陛下有狂悖之行，不自知邪？车裂假父（指嫪毐，真是难听难受的话），囊扑二弟（指其母与嫪毐所生的二子），迁母于雍，残戮谏士，桀纣之行，不至于是矣。令天下闻之，尽瓦解无向秦者，臣窃为陛下危之。"我该说的，都说完了。就自己解开衣服，去伏在砍头的木桩上去。等于说：你来杀吧！

谁知道这个时候的少年秦始皇，反而走下宝座来，自己承认错了，并且亲自扶茅焦起来，立刻封为"上卿"的职位。并且马上下令车队出发，他亲自驾车，空出左边的大位，去接母亲回宫，还和原来一样亲爱，好像什么事都没有发生过。

这也是历史上真实记载的故事。我们可以看出秦始皇的残暴作风，是怎么形成这种性格的。

这与"大学之道"的"诚意、正心、修身、齐家、治国”的教育，关系的重点又在哪里？同时也可看出古代知识分子的儒生，那“择善固执”、“死守善道”的精神。

茅焦为什么敢把生死性命当赌注，难道正如现代人的观念，真想拿命来换取侥幸的财富和地位吗？你能否认秦始皇有爱生母的孝心，原谅母亲所做的一切过错吗？除非被历史的主观成见固定了，不然，你会发现秦始皇确是一个可造之才，只是环境使他很不幸。

由“齐家、治国”的观点，来看秦始皇的一切，你可能不会跟着史书上的观点，随便叫他是一个暴君了。

你可能非常同情他，他是因家庭身世的暧昧，引起心理变态的精神病患者，长时压制着内心的痛苦和愤怒，又怕天下人看不起他，所以随时遇事，便会迁怒他人。

加上他身居帝王的宝座上，由传统的宗法社会赋予他权力，社会人群不得不尊奉他为天子，自然就使喜、怒、哀、乐任性而为，变成一个骄狂自负的帝王了。

这就是秦始皇后期精神变态到了最严重的时候，造成所谓暴君暴行的由来。

青史几番春梦　红尘多少奇才
不须计较与安排　领取而今现在

——朱敦儒《西江月》

/

两个女人的性格造就儿子不同的命运

吕后为其后代开悲剧序曲

刘家媳妇吕后，她从小个性骄纵，到了中年，丈夫刘邦打下天下，做了皇帝，自己也跟着做了皇后。这个从有钱的吕家嫁过来的大小姐，那种心情，更是志得意满，不可一世了。

但她是聪明人，担心自己只有一个儿子刘盈，依照传统宗法社会的惯例，理当做太子，将来好继位做皇帝，管理刘家天下的大财富。偏偏刘邦又特别宠爱另一个妃子戚姬，还想把她所生的儿子如意立为太子。这对她的威胁太大了，真是又气又恨。她想尽办法，最后请教张良，总算请来“商山四皓”保住了儿子的太子地位。但由于这个刺激，造成她的恐惧、怨恨、嫉妒等等错综复杂的心理变化。加上她正在女性更年期前后，由生理影响更促使心理变态。

所以刘邦一死，她就更加慌张，儿子又少，朝中和刘邦一起打天下的大臣还不少，不一定都靠得住，对她也不一定服气，自己势孤力单，怎么办？当时那个朝廷局面太紧张了，只有哭。

幸得张良有个孙子名辟强的，虽然只有十五岁，但见解聪明，犹如他的祖父。他为陈平出主意说：“太后现在最怕的是你们这班老臣，那继位做皇帝的儿子又小，如果你们把她娘家的兄弟都封了重要职位，她心里就比较踏实，就好办了。”因此，吕氏娘家的兄弟们，就一举把握了朝政。后来所形成的那种“政治心理病变”，也是够可怜的。

吕后的个性造成后代的悲剧，内斗不已，不但制造家族人伦惨剧，对刘邦“马上得之”之天下，亦无法治之，对汉朝初期之政绩毫无建树。

薄姬为汉代盛世立根基

到了汉高祖刘邦死后，吕后临朝称制，这中间前前后后二十年，除了汉室王朝宫廷在内斗以外，刘汉王朝初期的政治、社会、文化教育等方面，都没有什么特别的建树。汉朝真正奠定立国基础的，应该是从汉高祖的小儿子刘恒开始，照旧历史的称呼，叫他汉文帝。这个阶段，正是公元前一七九到前一五八年。

刘邦的中子代王刘恒，就是历史上认为宽厚、仁慈、节俭的好皇帝——汉文帝。在汉朝政治上，刘恒和他的儿子汉景帝刘启，被推崇为“文景之治”的仁政好榜样。其实，刘恒与他的父亲刘邦，在一起过着宫廷生活的时间不长，而且也没有得到刘邦的好好教育。何以后来他能成为一个汉代开创守成的好皇帝呢？除了命运之外，还是得力于母教的影响，才有后来的成就。

汉文帝刘恒的母亲姓薄，她原本是南方的吴国人。一个偶然的机会，刘邦看见她，就很喜欢，把她提升到内宫来，作为自己的妃子，封她为薄姬，生个儿子就是刘恒。刘邦当了皇帝，刘恒只有八岁，就被封为代王。

薄姬母因子贵，抓住机会，认为儿子太小，封王守边疆，不放心，恳切请求刘邦要跟着儿子去代北。其实，她早已看透汉室的宫廷，矛盾太大，又怕吕后会谋害她的儿子，所以想远远避开。边防要塞虽然苦寒危险，但比起在宫廷中的危机，就平安得多了。

她的聪明，正合于孔子所说“贤者避世，次者避地”的道理。事实上，她是有文化程度、有教养的一位贤母，她喜欢读《老子》，对老子的道家哲学有认识，懂得谦退为上策。因此，她达到了愿望，跟着儿子刘恒到北方，成为代王的太后。但却没有想到她的儿子后来居然做了皇帝，她也正式被尊封为皇太后。

事实上，汉文帝刘恒的一生，受母教影响很大，他以黄（帝）老（子）之道的学术思想治天下。正当天下人心厌乱思治的时候，全国上下需要休养生息，他力守老子所教的“三宝”法则：“一曰慈、二曰俭、三曰不敢为天下先。”因此，才赢得后来历史上有名的“文景之治”的美誉。

而且，也可以说，汉代刘家的天下，到他手里，才是真正奠定汉朝根基的开始。刘邦提三尺剑，于马上取天下，不能在马上治之。他的儿子刘恒，却能以道德文治守天下，才能建立了两百年的西汉王朝。

成功和失败者的性格

我们研究历史上一些成功和失败人物的性格，会发现很有趣的对比。

有些人的性格，喜欢接受别人更好的意见；不过，能立刻改变，马上收回自己的意见，改用别人更好意见的人太少。刘邦是这少数人中的一个。而项羽对于自己的主意，就绝对不会改变，绝对不接受别人的意见。

我们看看项羽在历史上一个重要的决定：当项羽打到咸阳的时候，有人（据《楚汉春秋》的记载是蔡生，而《汉书》的记载是韩生）对他说："关中阻山河四塞，地肥饶，可都以霸。"劝他定都咸阳，天下就可大定。

项羽对这个定都的建议不采用。他有一句答话很有趣，也是他的名言："富贵不归故乡，如衣锦夜行，谁知之者?"就凭了这句话，他和汉高祖两人之间器度的差别，就完全表现出来了。

项羽的胸襟，只在富贵以后，给江东故乡的人们看看他的威风，否则等于穿了漂亮的衣服，在晚上走路，给谁看?他这样的思想，岂不完蛋！所以项羽注定了要失败的。

而同样的事发生在刘邦的身上又是怎样呢?

刘邦大定天下以后，他自己的意思要定都在洛阳。

但齐人娄敬去看他，问他定都洛阳，是不是想和周朝媲美。汉高祖说是呀！娄敬说，洛阳是天下的中心，有德者，在这里定都易于王；无德则易被攻击。周朝自后稷封邰，到文王、武王，中间经过了十几世积德累善，所以可在这里定都。现在你的天下是用武力打出来的，战后余灾，疮痍满目，情形完全两样，怎么可与周朝相比？不如定都关中。当然有一番道理，张良也同意，刘邦立即收回自己的意见，采纳娄敬的建议，并赏给五百斤黄金，封他的官，赐姓刘。

人的心理行为，应该经常自我检讨，这就是《论语》上曾子说的“吾日三省吾身”。我们如果不随时反省，就会错误。

而心理反省对道德修养的重要，就和秤与尺在权衡上所占的分量一样重要。

取而代之?

中国的古礼，名称地位不同，待遇也不同。古代的官制很严格，阶级不同，穿的颜色也不同，它的最初目的在表扬有德，这是好的。

可是像秦始皇的车服，显示得那么威风，而汉高祖和项羽，当时看了秦始皇的那种威仪以后，汉高祖心里面就起了“大丈夫当如是也”的念头，项羽更直截了当起了“取而代之”的念头。

不同个性的两个人，看到同一个秦始皇，心中就有不同的想法。

一件东西，用秤称过，才知道它的轻重，用尺量过，才知道它的长短。世间万物，也都是这个样子，要经过某些标准的衡量，才知道究竟。

而一个人的心理，更应该如此，经常反省衡量，才能认识自己，改善自己。

第二章／由死亡看人性

断死　断生

“夫断死与断生也不同，而民为之者，是贵奋也。”

——张仪

断死与断生，在人的心理是绝对不同，“断”就是断然，就是决心。断死是决心牺牲，断生是决心求生投降，这两种决心是绝对不同。

就是说生与死之间的哲学的意义，该怎样讲法？

范晔称：“夫专为义则伤生，专为生则寡义，若义重于生，舍生可也；生重于义，全生可也。”

刘宋学者范晔说一个人一天到晚，专门讲文化道德义理之学，那么连饭都吃不饱，谋生的办法都没有。但是如果专讲求生，义理就堵住了。

我们看看现在的人，为生活、为前途，什么事情都可以干，只要钱赚得多，都可以来。古人往往以义作为行事的准则，如果认为死了比活着更有价值，就可以一死；但有时候，做忠臣并不一定非死不可，中国的老话“留得青山在，不怕没柴烧”。硬要留住这个青山。

譬如被敌人包围了，在生死之间，事实上生重于死，忍辱苟生，将来能够做一番比死更重大，更有价值的事情，那么不一定要死，全生可也。相反的，就非求死以全节不可了。

义重于生，舍生可也

以历史上两位后汉的名臣窦武和陈蕃为例。当时发生了党祸，他们两人想挽回时代的风气，但是陈蕃却因窦武的党祸案子而牺牲了。

这里范晔的论点是说，在桓帝、灵帝这个时代，像陈蕃这种人，学问好，有见解，有人品，知识分子个个仰慕他，他个人所标榜的，已经树立了风气、声望，成为一个标杆，对当时昏头昏脑过日子的世俗抗议，他的那种思想、影响力，在最危险的社会风气中、政治风浪中，像跑马一样，和那些明知道不对而又不敢说话的懦夫争衡，结果把生命赔进去了。

以他的聪明学问，并不是不能做到洁身自好，明哲保身，而是他不愿意这样做。因为他想要提倡伦理道德。

人类的社会就要有是非善恶，陈蕃悲悯当时世界上的人。而一些知识分子，看到时代不对了，尽管反感极了，却只是离开世俗，明哲保身，逃避现实，没有悲天悯人之意，人伦之道就完了。

所以他反对这些退隐的人，认为退隐不是人生的道理，即使他有机会可以退开，他还不走，而以“天下兴亡，匹夫有责”的精神，以仁心为己任，明知道这条路是很遥远的，还是非常奋发、坚定，所以一碰到政治上有改变的机会，就帮助窦武，而把命赔上了。

这样的死，是非常值得的。以历史的眼光来看，把时间拉长，把空间放大，他这生命的价值，在于精神的生命不死，万代都要受人景仰。

议曰：此所谓义重于生，舍生可也。

这里的结论是，当觉得死了比活着更有价值，这个时候惟有牺牲自己。

/

乱世中不必拘小节而丧命

三国时有这么一段故事，张超是一名太守，把地方政事交给臧洪。但有一次曹操把张超包围起来，臧洪急得到处求援，没人理他，最后张超全族都被曹操杀了；连臧洪也命丧袁绍。

后来一般人讨论这件事，就认为臧洪自己莫名其妙，头脑不清楚，当三国那个时代，正是所谓纵横时代，等于战国时候一样，是没有道义的社会，谈不到要为哪一个尽道义，立身乱世中去讲太平时候的高论，当然搞不好。徒然把命赔上罢了。

这就是所谓："当纵横之时，行平居之义，非立功之世。"就是长短经作者对臧洪的结论，这样做，如果想立功、立业，救时代、救社会，是办不到的。

假定有人问臧洪这样为张超而死，够不够得上是义气？

范晔说，曹操围攻雍丘，消灭张超，当时臧洪为了朋友，到处请兵，可以说是一种壮烈的情操。而他赤了足，奔走号哭的行为真值得同情。因为英雄豪杰，在某种环境之下，对于是非善恶的取舍，与普通一般人的讲究仁义，在心理上是两样的，我们可以引用西方宗教革命家马丁·路德的名言，"不择手段，完成最高道德"。为了达到最高的主义，最高的理想，有时候内心尽管痛苦，也不得不作些小的牺牲。

也就是在一个非常的时候，自己有大的任务在身，那恐怕就不能顾全朋友之间道义的小节了。

大丈夫成大功，立大业，处大事，有个远大的目标必须要完成的时候，有时就不能拘这些小节，小节只是个人应做的事。如为国家民族做更大的事，个人小节上顾不到，乃至挨别人的骂，也只好如此。

在工作上有时碰到紧急困难的时候，个人的情绪忿悁之中，特别要注意，必须把这种情绪先除去，然后才能够冷静，才能把事情分析得清楚，“谋定而后动”。

历史的经验告诉我们，个人做人的情操是一回事，处理事情的观点、看法、智慧的决定，又是另一回事。

/

季布摧刚为柔　不轻易抛生

当项羽与刘邦争天下时，以项羽那种力拔山兮的气概，而季布却仍然在楚国能以武勇而显名于天下，每次战役中，带领部队作先锋，身先士卒，一马当先，多少次冲入敌阵，夺下对方的军旗，斩了对方的将领，可说是一个真正的壮士。

可是等到后来项羽失败了，汉高祖下令要抓季布来杀掉，他却又甘心到朱家当奴隶，做苦工，头发胡须都弄得乱，偷偷摸摸过日子，而不自杀。从这观点看，季布又多么下贱，一点壮志都没有。

其实，季布这样做法并不是自甘堕落，他是有自己的才华和抱负，只是倒霉找错了老板，心有不甘。所以当项羽失败了愿意受辱，并不以为耻，因为还是要等机会，发展自己的长处，所谓“留得青山在，不怕没柴烧”。

所以他最后还是成为汉代的名将。由季布的经历可知道一个有学问、道德，有见解、有气派、有才具的贤者，固然把死看得很严重，但是所谓“死有重于泰山，有轻于鸿毛”，并不像一般小人物一样为了一点小事情就气得上吊，这种人的心理就没有办法翻身，会走绝路了，所以才愿意去自杀。

以中国文化精神来说，一个真的英雄壮士，失败了就自杀算了。

但怀抱大志的人，虽然不怕死，但还是要看死的价值如何，绝不轻易抛生的。

/

夸夫殉权，烈士殉名

有一些土匪、流氓出身或投机分子，失败了不会自杀而宁愿被俘虏，身遭刑戮而死，这又是什么道理？

“中材以上且羞其行，况王者乎？彼无异故，智略绝人，独患无身耳。得摄尺寸之柄，其云蒸龙变，欲有所会其度，以故幽囚而不辞云。”此则纵横之士，务立其功者也。

像这样的行径，就是连中等以上的人，都会觉得羞耻。而更高的王者之才，更不会这样。如项羽失败了，就以无颜见江东父老而自杀了。

但这些人失败以后，不死而虏，落到身被刑戮的结果，没有别的缘故，他们自视有智慧才略，所以愿意被虏，希望将来还能够上台，抓到兵权或政权，实施他的理想，云蒸龙变，所以他们不愿轻易牺牲，宁愿被虏，而希望得到机会，能发展自己的抱负、理想。

这就是贾谊所说的"夸夫殉权，烈士殉名"的心理，只想自己如何建功立业为目标，而至于自己个人，受什么委屈都可以，绝对不轻易牺牲。这也就是乱世多纵横捭阖之士的功利主义。

大智面对死亡

死本身并不是一件困难的事，而是对死的处理，对于这一下应该死或不应该死的决定，这一处理，不但要有大勇，还要有大智。

所以在死以前，应该做怎么样的决定，这才是最难的事。

如蔺相如在秦廷和秦昭襄王当面争论抗衡的时候，不把和氏璧交给秦王，手上捧着和氏璧，眼睛看着柱子，准备自己撞上去，把自己的生命和那块玉一起撞毁，回过头来骂秦王和他的左右。而蔺相如并没有武功，那一种情势的最后结果，不过是被杀头而已，所谓除死无大事。

可是，人在这种情形下，能做出这种决定来是最难的。一般人在这个情形下，一定是懦弱胆小，拿不出这种勇气的。

其实有时候，在某种情况下，胆子小，拿不出勇气来，最后还是死，死了还挨骂。而蔺相如这时，却大发其脾气。由此看蔺相如的智慧、修养，真是智勇双全。

从另一个观点批评说，像蔺相如这种性格的人，就是忠贞之士，对于应该在什么时候、什么地方、什么事情上不怕死，对什么事情应该不轻言牺牲，他都有正确的自处之道，这需要大智慧、大勇气，并不是盲目的冲动。

/

管仲自负其才可济世，不轻易死

管子曰：“不耻身在缧绁之中，而耻天下之不理；不耻不死公子纠，而耻威之不申于诸侯。”此则自负其才，以济世为度者也。此皆士之行已，死与不死之明效也。

这里是引用管仲的一段自白来作评论。

大家都知道管仲是齐桓公的名相，可是最初管仲是齐桓公的敌人，情形和季布与刘邦间的关系是一样的。

管仲本来是帮助齐桓公的劲敌也是兄弟——公子纠的。管仲曾经用箭射齐桓公，而且射中了。只是很凑巧，刚好射在腰带的环节上，齐桓公命大没有死。后来齐桓公成功了，公子纠手下的人，都被杀光了。找到管仲的时候，管仲把手在背后一反剪，让齐桓公的手下绑起来，自己不愿自杀，而被送到齐桓公面前。因为他心里清楚，有一个好朋友鲍叔牙，在齐桓公前面做事，一定会保他。

齐桓公一看到他，果然非常生气要杀他。鲍叔牙就对齐桓公说，你既然要成霸主，要治平天下，在历史上留名，就不能杀他。鲍叔牙这一保证，齐桓公就重用了他（当然也要齐桓公这种人，才会这样做），后来管仲果然做了一代名臣。

可是有人批评管仲，管仲就说：人们认为我被打败了，关在牢里，变成囚犯是可耻的，我却不认为这是可耻的。我认为可耻的是，一个知识分子活了一辈子不能治平天下，对国家社会没有贡献。人们认为公子纠死了，我就应该跟他死，不跟他死就是可耻。但我并不认为这是可耻的，而我认为我有大才，可以使一个国家称霸天下，所以在我认为可耻的，是有大才而不能使威信布于天下，这才真正的可耻。

像管仲这种思想，绝不把生死之间的问题看得太严重，都是说明知识分子，对自己一生的行为，在死与不死之间，很明白的经验与比较。

/

因耿直冤死

对人的评价我们常说盖棺论定，但在人生经验中，有许多人，许多事，盖棺仍不足以论定。有许多人硬是把冤枉带到棺材里去的。看穿了这个道理，又何必怨天尤人？

第一个就说到岳飞，他所处的正是一个动乱的时代，他要北伐，完全对，所以岳飞的人品行为，是危言危行，结果蒙冤死了。他没有做到《论语》说的“危行言逊”，怎么说他言不逊？“直捣黄龙，迎回二圣”是他要北伐的口号。二圣是宋高祖的父亲和哥哥（过去帝王时代，称皇帝为圣人，非常有趣）。他当时的口号，就是非打不可，准备一定要打到东北去，把太上皇、皇兄两个人请回来。

他这个话说得也对，是正言，但二圣回来，高宗怎么办？

所以秦桧要杀岳飞，不过是拍高宗的马屁。因为高宗自己的意思，认为岳飞真可爱，可是打尽管打，迎回二圣来，教我这个现任皇帝怎么办呢？而这个话，高宗又无法告诉岳飞，所以岳飞的死，就在他自己不能做到"危行言逊"。

第三章

由处世看人性

/

有容乃大

宗悫，刘宋时代人。当宗悫还没得志的时候，他的同乡庾业，有财、有权、有势，阔气得很，宴请客人的时候，总是几十道菜，酒席摆得有一丈见方那么多，而招待宗悫，则给他吃有稗子的杂粮煮的饭，而宗悫还是照样吃饭。

后来宗悫为豫州太守，相当于方面诸侯，军权、政权、司法权、生杀之权集于一身，而他请庾业做秘书长了，绝没有因为当年庾业那样看不起自己而记仇，这就是宗悫的度量。

个性中的器度很重要。而人与人相处，器度大则人生过得很快活。

/

落花

同样看到落花，不同性格的人，就有不同感受。而且有不同的处理方式。

《红楼梦》中林黛玉看到落花，就葬花，并感伤地说下葬花名句：“侬今葬花人笑痴，他年葬侬知是谁？”此之为林黛玉！怎么不生肺病？怎么不那么痴迷的死？

龚定庵的诗就比林黛玉高明得多了，同样看到落花，他却说：“落红不是无情物，化作春泥更护花。”

/

有人富贵不得

有些人，有了势力，地位高了，譬如一个人穷小子出身，到了尊贵的时候，本来应爱护别人，爱护朋友，但是他反而不爱护别人，也不爱护朋友，而且做事不照义理，个性反而骄傲起来，脾气也暴躁起来，这是反贵。就是说人谁有把握永远不变的，看别人，看历史，看社会，乃至看自己，都没有把握不变。

所以要在富贵功名，或贫穷下贱，饥寒困苦都永远不变，保持一贯精神的做法，是很难做到的。但有势尊贵以后，反转来不爱人，不行义理，反而变得暴傲，这就是贵的反面。

阻别人路的人，最后还是把自己的路塞了。

一个人有了钱财，应该帮助人家，帮助亲戚朋友，乃至整个社会的贫人。可是，有的富厚之家，不但没有帮助别人、做社会福利、公益事业，反而因家庭的富厚，奢侈无度，这是富的不好，因此有时富贵会考验人性，甚至反而害了人。

/

涉世深浅

《菜根谭》说："涉世浅，点染亦浅，历事深，机械亦深。"

初进入社会，人生的经验比较浅一点；有时候年龄大一点，见识体验得多，是可贵；但是从另一个观点来看，年龄愈大，的确麻烦愈大。有些人变得沉默寡言，看起来似乎很沉着，似乎修养非常高，但实际上却是机械更深。因为有话不敢说，说对得罪人，说不对也得罪人。

譬如武则天时代的宰相杨再思，虽然是明经出身，经历多了，做宰相以后，反而变得“恭慎畏忌，未尝忤物”。别人问他：“名高位重，何为屈折如此?”他说：“世路艰难，直者受祸。苟不如此，何以全身。”

贫贱时眼中不着富贵，他日得志必不骄；

富贵时眼中不忘贫贱，一旦退休必不怨。

——《格言联璧》

/

以智化怨——挫其锐，解其纷

有两件关于唐代郭子仪个人的行谊，说明郭子仪性格宽阔，能以智化怨，是以“挫其锐，解其纷”的心态，来化解人与人之间的问题。

一是关于他与监军太监鱼朝恩的恩怨。

在当时的政治态势上，是相当严重的，鱼朝恩曾经派人暗地挖了郭子仪父亲的坟墓。当唐代宗大历四年的春天，郭子仪奉命入朝。到了郭子仪回朝，朝野人士都恐怕要掀起一场大风暴，代宗也为了这件事，特别吊唁慰问。郭子仪却哭着说：我在外面带兵打仗，士兵们破坏别人的坟墓，也无法完全照顾得到，现在我父亲的坟墓被人挖了，这是报应，不必怪人。

鱼朝恩便来邀请他同游章敬寺，表示尊敬和友好。

这个时候的宰相是元载，也是一位不太高尚的人物。元载知道了这个消息，怕鱼朝恩拉拢郭子仪，问题就大了。这种政坛上的人事纠纷，古今中外，都是很头痛的事。因此，元载派人秘密通知郭子仪，说鱼朝恩的邀请，是对他有大不利的企图，要想谋杀他。

郭子仪的门下将士，听到这个消息，极力主张要带一批武装卫队去赴约。郭子仪却毅然决定不听这些谣传，只带了几个必要的家僮，很轻松地去赴会。他对部将们说："我是国家的大臣，他没有皇帝的命令，怎么敢来害我。假使受皇帝的密令要对付我，你们怎么可以反抗呢？"

就这样他到了章敬寺，鱼朝恩看见他带来几个家僮戒备性的神情，就非常奇怪地问他有什么事。于是郭子仪老老实实告诉他外面有这样的谣传，并说：所以我只带了八个老家人来，如果真有其事，免得你动手时，还要煞费苦心地布置一番。

他这样的坦然说明，感动得鱼朝恩掉下了眼泪说："非公长者，能无疑乎！"如果不是郭令公你这样常厚待人的大好人，这种谣言，实在叫人不能不起疑心的。

另有一则故事，是在郭子仪的晚年，他退休家居，忘情声色来排遣岁月。唐史《奸臣传》上出现的宰相卢杞，当时还未成名。有一天，卢杞来拜访他，他正被一班家里所养的歌伎们包围，得意地欣赏玩乐。

一听到卢杞来了，郭子仪马上命令所有女眷，包括歌伎，一律退到大会客室屏风后面去，一个也不准出来见客。他单独和卢杞谈了很久，等到客人走了，家仆们问他："你平日接见客人，都不避讳我们在场，谈谈笑笑，为什么今天接见一个书生却要这样的慎重？"郭子仪说："你们不知道，卢杞这个人，很有才干，但他心胸狭窄，睚眦必报。长相又不好看，半边脸是青的，好像庙里的鬼怪。你们女人们最爱笑，没有事也笑一笑。如果看见卢杞的半边蓝脸，一定要笑，他就会记恨在心，一旦得志，你们和我的儿孙，就没有一个活得成了！"

不久卢杞果然做了宰相，凡是过去有人看不起他，得罪过他的，一律不能免掉杀身抄家的冤报。只有对郭子仪的全家，即使稍稍有些不合法的事情，他还是曲予保全，认为郭令公非常重视他，大有知遇感恩之意。

史载郭子仪年八十五而终。他所提拔的部下幕府中，有六十多人，后来皆为将相。八子七婿，皆贵显于当代。

天下以其身为安危者殆三十年，功盖天下而主不疑，位极人臣而众不嫉，穷奢极欲而人不非之。

历史上的功臣，能够做到功盖天下而主不疑，位极人臣而众不嫉，穷奢极欲而人不非，实在太难而特难。这都是郭子仪一生的做人处世，自然合乎“冲而用之或不盈”，“挫其锐，解其纷，和其光，同其尘，湛兮似或存”的原则。

一个人真能修养到自己的心理、思想，不受环境的影响，不因空间、时间的变动而跟着变动，才称得上是第一等人。

处众以和，贵有强毅不可夺之力。

持己以正，贵有圆通不固执之权。

——《格言联璧》

/

曲则全

所谓君子之人，“直而不挺”，像一棵树一样，世界上的树都变下去，只有这棵树是直的，但这棵树也很危险，容易被人砍掉，所以虽然直的，但有时软一点而并不弯曲。自己站住。

站住以后，在这种时代也是很难处的，不愿意跟大家一起浮沉，就显得特别，特别了就会吃亏，还要配合大家，但配合大家，和大家一样又不行。

在“曲则全”的原则下，必须保持着一贯的中心思想。所以真正直道而行的人，就“大直若诎”。

/

淡泊天命，胸怀大志

一个人在穷困中，心里不忧不愁；在低贱的时候，没有地位，到处被看不起，内心也不烦恼，不苦闷，这是知识分子的基本修养，淡泊于天命和平常，穷就穷，无所谓，而胸怀更伟大的理想，另具有长远的眼光。

黥布封为九江王，他在秦始皇时代做流氓，犯过法，脸上刺了黑字，所以名黥布，后来贵为九江王。

韩信则在倒霉的时候，腰上带了一把剑，遇到流氓，流氓骂他饭都没得吃，没有资格佩剑，迫他从胯下爬过去。后来韩信当了三齐王，那个流氓到处躲，韩信还把他请来作官，并且说当年如果不是这一次侮辱，还懒得出去奋斗呢！

用仁义做手段来兴利，或为了天下的利益，或为自己的利益，一是为公，一是为私，差别就在这里。

换句话说，历史是很公平的。如果真的做了一件事，在历史上站得住，留给后世的人景仰，是的就是，非的就非。

黄石公称柔者能制刚，弱者能制强，柔者德也，刚者贼也，柔者人之所助，刚者怨之所居。

太刚的人，怨恨都集中到他身上。做人就是这个道理，个性、脾气的刚柔也是一样。

/

难得糊涂

之一

宁武子是春秋时代卫国很有名的大夫，姓宁，名俞，武是他的谥号。经过卫国两代的变动，由卫文公到卫成公，两朝完全不同，宁武子却安然地做卫国的两朝元老。“邦有道则知”，国家政治上了正轨，他的智慧、能力、才具发挥出来，了不起！

可是后来到了卫成公的时候，政治、社会，一切都非常混乱，情况险恶，他还在朝，也参加了这个政治，可是他在“邦无道”的时候，却表现得愚蠢鲁钝，好像什么都很无知。

但从历史上看出他并不笨，他对当时的政权、社会，在无形之中，局外人看不见的情形下，在努力挽救。表面上好像他碌碌无能，没有什么表现，可是他对于国家、社会真的做了事。

所以孔子给他下了一个断语："其知可及也，其愚不可及也。"他说宁武子那种聪明才智的表现，有的人还可做得到，但处于乱世那种愚笨的表演，就难以学到了。

之二

人们到了社会历史发生变动的时候，尤其是古代帝王政权变乱时，在前一个君王手上，充分表现了政治才能的人，本来是很容易遭忌的。这是政治上千古以来不移的定例。何以如此？有点莫名其妙的，也许是人类心理的通病，能干了会有人妒忌的。

为什么妒忌？只能说是人类天生的劣根性，我们必须以学问、道德来消磨它。这种妒忌心理，到了事业或利害相对的时候，就忌刻别人。所以学问之道，就要了解自己的心理，把这些罪恶的心理，消磨了、转化了，那才是真正“仁道”之“仁”。

所以孔子说到宁武子，当初他的才能表现得那么高，应该遭人家妒忌；但是到了变乱的时候，他表现得碌碌无能，没人打击他，也没有人仇恨他，这一点修养与性格是别人做不到的。

人在得意时，聪明才智很容易露锋芒；“其知可及也”，这点大家还可以做得到。但是朴实无华、老实平淡、笨笨无能的样子，“其愚不可及也”，这就很难做到了。

之三

这里我们就想到清朝名士郑板桥，说过几句很了不起的话：“聪明难，糊涂亦难，由聪明而转入糊涂更难。放一着，退一步，当下心安，非图后来福报也。”

绝顶聪明的人，不是故意装糊涂，而是把自己性格中聪明的锋芒收敛起来，而转进糊涂，这就更难了。

下一句话说待人接物，遇事退一步，把利益权位都让给人家，心里很舒服，并不希望人家事后报答，只要当时心里舒服就好。

一般人没有基本的中心思想，容易受环境影响，习惯越多，距离自己本性越远，只有上智——第一等智慧的人，与下愚——最笨的人，不会受环境影响。

最聪明人自己有思想，有见解，有中心主张；最笨的人，影响他不了。

除此以外，世界上都是像我们一样的人，最糟了，说聪明也笨，说笨也聪明，聪明又笨，这一类人最易受时代环境影响。

/

善于易者不卜

“善于易者不卜。”一个人真懂得《易经》以后便不算卦了，一件事情一动，就知道它的法则，就没有什么可算的了，得失成败，自己心里就应该有数了。

另一观念，即使能够“未卜先知”，亦并不好，“察见渊鱼者不祥”，做人的道理亦是这样。不要太精明，人与人之间，有时自己受受气就算了，他骂我一顿就骂我一顿。一定要搞得很清楚，“察见渊鱼者不祥”，连深渊水底的鱼，河中浑水里的鱼有多少条、再怎么动也看得清楚，不要自以为很精明，实际上很不吉利，说不定会早死，因为精神用得过度了。

这些原则千万要把握住，如此人就舒服了。

天下的事，没有突变的，只有我们智慧不及的时候，才会看到某件事是突变的，其实早有一个前因潜伏在那里。

/

有智慧的爱

之一

仁就是爱，人有普遍地爱大家的性格，当然是好事。可是爱的反面，就有私心，有爱就有偏私。

宋史上有名的宰相王旦，他提拔了很多人，范仲淹曾经问他，为什么提拔了而不让人知道？王旦说，他提拔人，只是为国家遴选人才，何必让被提拔的人来感谢他私人，所谓“授爵公朝，感恩私室”的事不干，这是大夫不收公利的例子。

王旦接着又举孔子的话：“天子爱天下，诸侯爱境内。”仁爱有一定的范围，超过了范围，就变成私了，如果有偏心，他对我好，我就对他仁爱，这是不可以的，只要偏重仁爱，偏私就会来。自古庸主败亡者多仁慈而不智，项羽、梁武帝等人，其例甚多。

之二

仁虽然好，好到成为一个滥好人，没有真正学问的涵养，是非善恶之间分不清，这种好人的毛病就是变成一个大傻瓜。

有许多人个性非常好，仁慈爱人，但儒家讲仁，佛家讲慈悲，盲目的慈悲也不对的，所谓“慈悲生祸害，方便出下流”。不能过分方便，正如对自己孩子们的教育就是这样，乃至本身修养也是如此。

仁慈的个性很重要，但是从人生经验中体会，有时帮助一个人，我们基本上出于仁慈的心理，结果很多事情，反而害了被帮助的人。这就是教育的道理，告诉我们做人做事真难。

善良的人不一定能做事，好心仁慈的人，学问不够，才能不够，流弊就是愚蠢，加上愚而好自用便更坏了。

所以对自己的学问修养要注意，对朋友、对部下都要观察清楚，有时候表面上看起来是对某人不仁慈，实际上是对人有帮助。所以做人做事，越老越看越惧怕，究竟怎样做才好，有时自己都不知道，这就要智慧、要学问。

人性生来并非如此良善。因为自己思想学识认识够了，由礼义的教育下来，能对自己的欲望有所节制，才做得到。

假使不在后天上用礼义教育节制，任由人性自然的发展，就像流水一样飘荡、放浪，欲望永远无穷。

只能穷不能愁

之一

我们在中国文学里，对于人生常有“贫病交加”的悲叹，然而人在这个景况时，需要有比常人更乐天知命的性格才不致潦倒、落魄。

有一个朋友，过去地位很高，也是部长级的，现在有七八十岁了。这位朋友，现在蛮穷的，他常说人世上两个字，自己只准有一个字，绝不许同时拥有两字。什么字呢？“穷、愁”两字。凡“穷”一定会“愁”，穷加上愁就构成穷愁潦倒。他虽然已到望八之年，因为只许自己穷，绝不再许自己愁，所以能“乐天知命而不忧”。他真的做到了，遇见知己朋友，仍然谈笑风生。

社会上贫病交迫的人很多，要想心理上不再添愁，这个修养就相当高了。

之二

子曰：“贤哉回也！一箪食，一瓢饮，在陋巷。人不堪其忧，回也不改其乐。贤哉回也！”

这几句话看起来非常简单，但是要自己身体力行，历练起来，就不简单了。

孔子第一句话就赞叹颜回，然后说他的生活——“一箪食”，只有一个“便当”。古代的便当就是煮好的饭，放在竹子编的器皿里。“一瓢饮”，当时没有自来水，古代是挑水卖，他也买不起，只有一点点冷水，物质生活是如此艰苦，住在贫民窟里一条陋巷中，破了的违章建筑里。任何人处于这种环境，心里的忧愁、烦恼都吃不消的，可是颜回仍然不改其乐，心里一样快乐。这实在很难，物质环境苦到这个程度，心境竟然恬淡依旧。

我们看文章很容易，个人的修养要到达那个境界可真不简单。乃至于几天没饭吃，还是保持那种顶天立地的气概和个性，不要说真的做到，假的做到也还真不容易。颜回则做到了不受物质环境的影响，难怪孔子这么赞叹欣赏这个学生。

贫贱是苦境，能善处者自乐。

富贵是乐境，不善处者更苦。

——《格言联璧》

/

得意忘形，失意也会忘形！

子贡曰："贫而无谄，富而无骄，何如？"子曰："可也，未若贫而乐，富而好礼者也。"

子贡说，老师！人穷了，倒霉了，还是不谄媚，不拍马屁，不低头；发财了，得意了，还能够对人不骄傲，何如？

我们都常听说"得意忘形"，但是，据我个人几十年的人生经验，还要再加上一句话——"失意忘形"。有人本来蛮好的，当他发财、得意的时候，事情都处得很得当，见人也彬彬有礼；但是一旦失意之后，就连人也不愿见，一副讨厌相，自卑感，种种的烦恼都来了，人原来的性格完全变了——失意忘形。

所以我体会到孟子讲的："富贵不能淫，贫贱不能移，威武不能屈。"一个人做学问，只要做到"贫贱不能移"一句话——能够受得了寂寞，受得了平淡，所谓"唯大英雄能本色"，无论怎么样得意也是那个样子，失意也是那个样子，到没有衣服穿，饿肚子仍是那个样子，这个个性是最高修养，达到这步修养太难了。

人能做到"贫而无谄，富而无骄"的确是不容易，很难得。可是孔子并没有给他九十分，只是"可也"而已。下面还有一个"但是"，但是什么？"未若贫而乐，富而好礼者也。"你做到穷了，失意了不向人低头，不拍马屁，认为自己就是那么大，看不起人，其实满肚子的不够；或者你觉得某人好，自己差了，这样还是有一种与人比较的心理，敌视心理，所以修养还是不够的。同样的道理，你到了富而不骄，待人以礼，因为你觉得自己有钱有地位，非得以这种态度待人不可，这也不对，仍旧有优越感。

所以要做到真正的平凡，在任何位置上，在任何环境中，就是那么平实，那么平凡，才是对的。

孔子告诉子贡，像你所说的那样，只是及格而已，还应该进一步，做到“贫而乐，富而好礼”，安贫乐道。安贫就非常难，孔子在下面就有“君子，素富贵，行乎富贵；素贫贱，行乎贫贱”的话。所以有些朋友很了不起，很清高，聊天时常常问：“你看我这个人怎么样？”我说：“我个人不完全同意你，你是很清高，不过有一点苛求清高。”一个人是应该清高的，但有人是苛求清高，或者为了标榜自己清高，因此只好忍痛牺牲。那就大可不必，这就不平凡，不平凡不是真涵养的精神。因此孔子告诉子贡，要安贫乐道，要平实，他说：仅是做到不骄傲，不算好，还要进一步做到好礼，尊重别人和爱人。

/

察其所安

有三个要点来观察人：看任何一个人做人处世，他的目的何在？他的做法怎样？（前者属思想方面，后者属行为方面。）另外，再看他平常的涵养，他安于什么？有的安于逸乐，有的安于贫困，有的安于平淡。

学问最难是平淡，安于平淡的人，什么事业都可以做。因为他不会被事业所困扰，这个话怎么说呢？安于平淡的人，今天发了财，他不会觉得自己钱多了而弄得睡不着觉；如果穷了，也不会觉得穷，不会感到钱对他的威胁。

所以人的性格能修养到安心是最难。

闻义不能徙，不善不能改

子曰："德之不修，学之不讲，闻义不能徙，不善不能改，是吾忧也。"

人最可怕的是，听到了义之所在，自己也知道这道理是对的，只是自己的劣根性改变不了，明明知道自己走的路线不对，又不肯改。为什么不能改？时代环境的风气，外在的压力，自己又下不了决心，所以只好因循下去。

因此孔子说了他担忧的四点："德之不修，学之不讲，闻义不能徙，不善不能改"，也是每一个人和任何一个历史时代的通病。

/

忧国不忧心

子之燕居，申申如也，夭夭如也。

孔子平常在家的生活"申申如也"，很舒展，不是皱起眉头一天到晚在忧愁。他修养好得很，非常爽朗、舒展，"夭夭如也"，而且活泼愉快。

所以尽管忧国忧民，他还是能保持爽朗的胸襟，活泼的心情，能够自己挺拔于尘俗之中，是多么可爱的个性。但是他乐的是人生的平淡，知足无忧，愁的不是为己，为天下苍生。

/

三人行必有我师

乡下人说："天大，地大，我大。月亮下面看影子，越看自己越伟大。"人类天生就有这种劣根性。

所以孔子说："三人行，必有我师焉，择其善者而从之，其不善者而改之。"看起来很平淡，没有什么难处，仔细研究起来，若说在人群社会中，真发现了别人的长处，而自己能从内心、从根性里发出改善、学习的意念，是很不容易做到的。

没有相当的德行为根据，

人生是无根的，最后不能成熟。

如果没有仁的内在修养，

在心理上就没得安顿的地方。

/

个性与人生志向

有一天，颜渊和子路站在孔子旁边闲谈，孔子就说：“盍各言尔志。”结果就谈出三个不同个性人的不同人生志向。

子路曰：“愿车马，衣轻裘，与朋友共，敝之而无憾。”这完全代表了子路的个性。子路是很有侠气的一个人，胸襟很开阔。他说，我要发大财，家里有几百部小轿车，冬天有好的皮袍、大衣穿，还有其他很多富贵豪华的享受。但不是为自己一个人，希望所有认识我的人，没有钱，问我要；没饭吃，我请客；没房子，我给他住。气魄大！唐代诗人杜甫也有两句名诗说：“安得广厦千万间，大庇天下寒士俱欢颜。”就是子路这个志愿的翻版。

子路的是侠义思想，气魄很大，凡是我的朋友，衣、食、住、行都给予上等的供应。“与朋友共”的道义思想，绝不是个人享受。“敝之而无憾”，用完了，拉倒！

颜渊却是另一面的人物，他的道德修养非常高，与季路完全两个典型。他说，我希望有最好的道德行为，最好的道德成就，对于社会虽有善行贡献，却不骄傲。“伐善”的伐，就是夸耀。“无伐善”，有了好的表现，可是并不宣传。“无施劳”，自己认为劳苦的事情，不交给别人。就是说不要把自己的烦恼痛苦放在别人身上，这是颜渊的所谓“仁者之言”。

一文一武这两学生的理想志愿完全不同，都报告完了。孔子听了以后，还没说话，我们这位子路同学，可忍不住，发问了，老师！你先问我们，你的呢？也说说看。

孔子说了：“老者安之，朋友信之，少者怀之。”这就是礼运大同篇思想的实现，这是最难做到的了。这三点一看就与众不同。“老者安之”，社会上所有老年的人，无论在精神或物质方面，都有安顿。“朋友信之”，社会朋友之间，能够互相信任，人与人之间，没有仇恨、没有怀疑。“少者怀之”，年轻人永远有伟大的怀抱，使他的精神，永远有美好的理想、美丽的盼望。也可以说永远要爱护他们，永远关爱年轻的一代。

如果这三点都能做到，真是了不起的人。这样的人，如果要为他加一个头衔，就是圣人。因为这三点，对上一代，自己这一代，以及下一代都有交代。此即所谓圣人境界，是很难做到的一件事。

/

见过能自省者，几乎没有！

子曰：“已矣乎！吾未见能见其过，而内自讼者也。”

孔子说：算了吧！我从来没有看到过一个人，能随时检讨自己的过错，而且在检讨到过错以后，还能在内心自我审判。怎么样受审判呢？就是自己内在打天理与人欲之争的官司，就是如何善用理智平衡冲动的感情。这是学问的基本；也是中国文化儒家情操的中心；也是我们每一个人，随时会碰到而无法避免的事。

孔子在这里就讲到，他从来没有看过一个人，可以随时自己反省、随时检讨自己、责备自己的。

/

孔子评得意门生性格

季康子问："仲由可使从政也与？"子曰："由也果，于从政乎何有？"曰："赐也，可使从政也与？"曰："赐也达，于从政乎何有？"曰："求也，可使从政也与？"曰："求也艺，于从政乎何有？"

季康子，鲁国的大夫、权臣。有一天向孔子打听他学生的才干。孔子一一作答。由此我们可看出这些学生们的性格，同时也可看出孔子认为从政所必备的学养。

季康子首先问起有军事统帅之才的子路，是不是可以请他当政？孔子说子路的个性太果敢，对事情决断得太快，而且下了决心以后，绝不动摇，决断、果敢，可为统御三军之帅而决胜于千里之外。如果要他从政，恐怕就不太合适，因为怕他过刚易折。

季康子接着问，请子贡出来好不好呢？孔子说：不行，不行。子贡太通达，把事情看得太清楚，功名富贵全不在他眼下。聪明通达的人，不一定对每件事盯得那么牢。总之，把事情看得通达，像这样的人，往往可以做大哲学家、大文学家。因为他有超然的胸襟，也有满不在乎的气概。但是如果从政，却不太妥当。也许会是非太明而故作糊涂。

季康子再请教冉求是否可以从政。孔子说，冉求是才子、文学家。诗、词、歌、赋、琴、棋、书、画，样样精通，名士气味颇大，也不能从政。

换句话说，如果把他们三个人凑合起来，才不愧是大政治家的材料。为什么呢？具有刚毅果敢的精神，这是子路的长处；但还要宽大的胸襟，也就是所谓任劳任怨的气度，这就要子贡的达。同时要见闻渊博，知识丰富，多才多艺。这“果、达、艺”三个简单的字，包括了那么多的内涵，由此可见政治家还须兼备艺术家、诗人的修养才行。

/

连坏人都喜欢诚实人

子曰：“人之生也直，罔之生也幸而免。”

孔子说，人生来的天性，原是直道而行，站在心理学的观点来看，一个尽管很坏的人，但也喜欢他的朋友很老实，不但老实人喜欢老实人，连坏人也喜欢老实人，从这里就可以体会到，人应该做哪一种人才对。人都喜欢别人直——诚实，即使他自己不诚实。

“罔之生也”，一个人虚虚假假地过一辈子。虚伪的人不会有好结果的，纵然有时会有些好际遇也是侥幸，意外免去了祸患，并非必然。必然的是，不好的结局。这两句话是说人天生是率直的，年龄越大，经验越多，就越近乎罔。

性情要养得通达，胸襟不可那么狭隘，不要有一点事就想不开，一句话就放不开，否则成就太有限了。

其次要处事果决、刚毅，下了决心，又能坚定不移，才不会受环境的影响。

/

成功、失败皆由自己定之

子曰：“譬如为山，未成一篑，止，吾止也。譬如平地，虽覆一篑，进，吾往也。”

道德的修养，就是征服自己。上面孔子的话，说的就是这个道理。

他说譬如我们去挑泥土来堆成一座山，要挑一百担泥土的，已经挑了九十九担，最后“未成一篑”，少了一畚箕泥土。“止”，停止了，因此便不能登峰造极到顶点。是谁使你停止的？我们一件事没有成功，往往推之于客观的环境、社会的因素，但是孔子在这里说那是不可能的，“吾止也”，还是自己心理的疲劳与退缩，不是客观因素。

他又说，譬如填平一块土地，倒一畚箕泥土上去，就看到更高一点，这个进步，也不是外来的因素，而是自己的成功，这里他所强调的，是指一切的作为，其成功或失败，都在于一个人自己，不要推之于外来的因素。外来因素之所以形成，也是自己本身个性的关系。

/

不忮不求，何用不臧？

孔子引用《诗经》邶风雄雉章中两句诗称赞子路：

"不忮不求，何用不臧。"也告诉我们为什么子路能够做到，凭四个字"不忮不求"。"不求"，大家都知道，你官大，我不想做官；你钱多，我并不以为钱是了不起的东西，我并没有觉得穷是悲哀，对你无所求嘛！

什么是"不忮"？以现代观念解释，就是心中很正常、坦荡，你地位高，有钱，但你是人，我也是人，并没有把功名富贵与贫贱之间分等，都一样看得很平淡。对人不企求、不寄希望，自己心里非常恬淡、平静。如此做人做事，"何用不臧"？哪里还行不通？有此心理与性格，自然就气度高华。

/

路留宽一点

宋朝的大哲学家、通《易经》而能知道过去未来的邵康节，和名理学家程颢、程颐弟兄是表兄弟，和苏东坡也有往来。二程和苏不睦。

邵康节病得很重的时候，二程在病榻前照顾，这时外面有人来探病，程氏兄弟问明来的是苏东坡，就吩咐下去，不要让苏东坡进来。邵康节躺在床上已经不能说话了，就举起一双手来，比成一个缺口的样子。程氏兄弟不懂他做出这个手势来是什么意思，后来邵康节喘过一口气，他说："把眼前路留宽一点，让后来的人走走。"然后死了。

这也就是说世界本来就有缺憾，又何必不让人一步好走路！

/

人生志向与境界

曰："莫春者，春服既成，冠者五六人，童子六七人，浴乎沂，风乎舞雩，咏而归。"夫子喟然叹曰："吾与点也！"

孔子和子路、冉求、公西华三位同学讨论他们的志向的时候，曾点在旁边悠闲地鼓瑟。孔子听了子路他们三人的报告以后，转过头来问正在鼓瑟的曾点说，曾点，你怎么样呢？说说看。

曾点听到老师在问他，瑟音渐稀，站起来对孔子说，老师你问我啊！我看他们三个人刚才所讲的不同，我的思想和他们是两样的。孔子说这有什么关系，并不会矛盾、冲突的，只不过是关起门来，表达各人自己的思想而已，你尽管说好了。

于是曾点说，我只是想，当春天来了，冬衣一换，穿上舒适的衣服，农忙也过去了，和成人五六人，十几岁的少年六七人，到沂水里去游泳，然后唱唱歌，跳跳舞，大家优哉游哉高兴地玩，尽兴之后，快快活活唱着歌回家去。这个境界看起来多渺小！

虽然渺小，可是孔子听了以后，大声地感慨说，我就希望和你一样。

古人说“宁为太平鸡犬，莫作乱世人民”。而曾点所讲的这个境界，就是社会安定、国家自主、经济稳定、天下太平，每个人都享受了真、善、美的人生，这也就是真正的自由民主，正如清人的诗——“天增岁月人增寿，春满乾坤福满门”。

直而无礼则绞

“直而无礼则绞”。有些人个性直率、坦白，对就是对，不对就是不对。当长官的或当长辈的，有时候遇到这种人，实在难受，常叫你下不了台。

老实说这种阳性人，心地非常好，很坦诚。但是学问上要经过磨炼、修养，否则就绞，绞得太过分了就断，误了事情。

第四章

由勇气看人性

/

性格中真正的勇气

之一

勇气原是性格中的优点。但是匹夫之勇与大丈夫之勇呈现出来的格局，却大不同。

我们从历史经验中作个比较。以项羽和刘邦来说，项羽有拔山扛鼎之勇，作战时单枪匹马，闯到敌人的阵中，纵横驰骋，谁也不敢阻挡。

在这之前的另一次战役中，项羽和汉高祖在阵前见了面。项羽说，天下这么多年来的战乱，就只是你我双方打来打去，今天你我见面了，我们双方下令，所有的部下都不许动手，你我两人出来单打独斗，作一死战，来决定胜负，免得再打下去，伤了许多无辜的生命。汉高祖说，对不住，我绝不和你单打独斗，我是斗智不斗力的。这就是汉高祖与楚霸王不同之处。

赵武灵王、秦武王、项羽等等，这些都是好小勇的人，不懂得大勇的道理。

之二

如何才是正确的好勇？

墨子谓骆猾氂曰："吾闻子好勇。"曰："然。吾闻其乡有勇士焉，吾必与斗而杀之。"墨子曰："天下莫不予其所好，夺其所恶。今子闻其乡有勇士而斗而杀之，是恶勇，非好勇。"

恐怕一般人，都是"骆猾氂式"的好勇，常常可以看到这种典型的好勇，尤其是一些青少年们，听说某人拳头厉害，就不服气，一定要想办法，找到对方较量较量，势必将对方打垮才甘心。以此来表现自己的本领比他大，武功比人高，而且还自鸣得意，认为自己勇敢，不怕死。

而墨子对这种心理，痛下针砭地说，世上的人，没有一个不是对于自己所爱好的加以保护、照顾，而对于自己所厌恶的，则扬弃或者销毁。现在你听到那里有勇士就去杀他，这是恶勇，而不是好勇。

这是墨子所讲个人好勇的哲学。

老实说，个人好勇，最高明也不过是“任气尚侠”而已，其偏差的流弊很大，甚至睚眦必报，犯禁杀人而自取灭亡。

至于帝王好勇的偏差，则必然会穷兵黩武，以残杀侵略为能事，那就弄得生灵涂炭，造成社会、国家、人类的大祸害了。最后的结果，不但害了别人，自己的社会国家也同样受害，乃至于本身生命都不保。希特勒和第二次世界大战的日本军阀们，就是如此。

只有一怒而“安”天下，这才是大勇。

真正的大勇，一定有智有仁；真正的仁，一定有智有勇；真正的智，也一定有仁有勇，三者不能分开的。

/

有勇无谋

子路曰：“子行三军，则谁与？”子曰：“暴虎冯河，死而无悔者，吾不与也。必也临事而惧，好谋而成者也。”

子路说：“老师！假使你打仗，你带哪一个？你总不能带颜回吧！他营养不良，体力都不够，你总得带我吧！”

孔子骂子路，像你这种个性、脾气，要打仗绝不带你，像一只发了疯的暴虎一样，站在河边就想跳过去，跳不过也想跳，这样有勇无谋怎么行？而且一鼓作气，看起来蛮英勇，死了都不后悔，这种做法是冤枉去送死。

子路这样的勇，不是大勇，孔子的学问中，智、仁、勇三个字是相连的。

/

勇而无礼则乱

孔子曾说人的个性能小心固然好，但过分的小心就变成无能、窝囊，什么都不敢动手了。然而有些人有勇气、有冲劲，容易下决心，有事情就干了，以为这就是勇。

其实如果内在没有好的修养，就容易出乱子，把事情搞坏。所以孔子说，“勇而无礼则乱”！

第五章

由进退看人性

/

知终终之

“知终终之”，就是看见这件事，应该下台的，就“下次再见，谢谢!”立即下台，永远留一个非常好的印象在那里。但这个修养是很难做到的，孔子、老子都是这个思想。老子说的“功成、名遂、身退”，就是知终终之。

但“知终”的“知”很难，如懂了这个道理则“居上位而不骄”，虽然坐在最上的位置，亦不觉得有什么可骄傲的，这如同上楼下楼一样，没有永远在楼上不下来的；那么在下位亦无忧，因为时代不属于自己的，所以人生随时随地要了解自己。

/

乾乾因其时而惕

所谓乾乾因其时而惕，要认识自己，时间机会属于自己就玩一下，要知道玩得好，下来也舒服，这样纵或有危险，但不至出毛病。

从这里就看到孔子的思想就是一个“我”，人生如何去安排我，每一个人把自己的自我安排对了，整个大我也就安排对了。

有许多事往往是因为这个“我”安排得不好，把整个事情砸烂了。

/

功高震主

一位公司老板，找到一位很能干的干部，由于这位干部精明能干，而且很努力，于是因其良好的功劳业绩，由一名小小的业务员，逐步上升，而股长，而主任，而经理，一直升到总经理。到了这个阶段，公司的一切业务，许多事情，他比老板还更了解更熟练，同下面的人缘又好极了，那么，这种情况下，当老板的就会担起心来。这就“功高震主”了，地位就危险了。

在政治上，一个功高震主的大臣，危险与荣誉是成正比的，获得的荣耀勋奖愈多，危险也愈大。不但随时有失去权势财富的可能，甚至生命也往往旦夕不保。

再从曾国藩给他弟弟曾国荃的一首诗中，也可很明显地看到他深切地了解老庄思想，灵活运用老庄之道。这首诗说：

左列钟铭右谤书，人间随处有乘除；
低头一拜屠羊说，万事浮云过太虚。

诗中屠羊说的典故，就出在庄子的《论王篇》。屠羊说，本来是楚昭王时市井中一个卖羊肉的屠夫，大家都叫他屠羊说，事实上是一位隐士。“说”是古字，古音通悦字。

当时，因为伍员为了杀父兄之仇，帮助吴国攻打楚国，楚国败亡，昭王逃难出奔到随国。屠羊说便跟着昭王逃亡，在流浪途中，昭王的许多问题，乃至生活上衣食住行，都是他帮忙解决，功劳很大。

后来楚国复国，昭王派大臣去问屠羊说希望做什么官。屠羊说答复道：楚王失去了他的故国，我也跟着失去了卖羊肉的摊位，现在楚王恢复了国土，我也恢复了我的羊肉摊，这样便等于恢复了我固有的爵禄，还要什么赏赐呢？

昭王再下命令，一定要他接受，于是屠羊说更进一步说：这次楚国失败不是我的过错，所以我没有请罪杀了我；现在复国了，也不是我的功劳，所以也不能领赏。

屠羊说可说是一个深懂“功成、名遂、身退”的人，这样知进退不恋名位的性格，不但使自己在政局诡异中全身而退，且留名千古，连曾国藩都要以他为榜样。

欲及时也，故无咎

九四曰，“或跃在渊，无咎”，何谓也？子曰：“上下无常，非为邪也。进退无恒，非离群也，君子进德修业，欲及时也，故无咎。”

《易经》讲了半天讲到极点，只教你把握一个时间、空间，时间不属于自己，任你怎样努力，亦没有用；时间到后来被变作运气，运不来，轮不到那个时间，再转亦没有用。

但是要注意，看历史就知道，有些人时间到了自己的前面，却让时间轻轻溜过去了。但“或跃在渊，无咎”。这句九四爻的爻辞说的是什么呢？前面说过，这句爻辞的“或”字，等于一个人站在门中间，一脚在里一脚在外，进出都可以，所以孔子这里说“上下无常，非为邪也”。要上去或要下来都可以，但并不是滑头，当然滑头亦可以做到这样，这中间就在各人的内心了。

再进一步解说，一人处世，或者进一步，或者退一步，亦没有办法固定，但是始终不是为个人，只为社会，为国家，要有贡献，并不是滑头，但为什么要这样？因为这样站在中间，是等待时机，所以这是无咎的。当然人生做到此那是最舒服的。

历史上有些人可以做到这样，举例来说，道家所标榜南北朝时候的陶弘景，有名的所谓山中宰相，南北朝几个皇帝，大事都要请教他，但他永远不出来，不做谁的官。像这一类人，所谓上下无常，进退无恒的人，中国历史上蛮多，可是他的情感，对于社会、国家的贡献，并没有忘记，并不是专门为私。

/

用之则行，舍之则藏

之一

郭子仪是历史上绝少数富贵寿考四字俱全的名臣之一。这当然与他的性格有绝大关系。

郭子仪，是道道地地经过考试录取的武举等出身，历任军职，到了唐玄宗（明皇）天宝十四年，安禄山造反，才开始诏命他为节尉卿、灵武郡太守、克朔方节度使，屡战有功。

当唐明皇仓皇入蜀，皇太子李亨在灵武即位，后来称号唐肃宗。肃宗拜郭子仪为兵部尚书、同中书门下平章事，仍总节度使的职权。转战两年之后，郭子仪从帝子出任元帅的广平王——李豫，统率番汉兵将十五万，收复长安。肃宗曾亲自劳军灞上，并且对他说："国家再造，卿力也。"但在战乱还未平靖，到处尚须用兵敉平的时候，肃宗恐怕郭子仪、李光弼等功劳太大，难以驾驭，便不立元帅，而派出太监鱼朝恩为观军容宣慰使来监军。

一个半男半女的太监，又懂得什么，但他却代表了朝廷（政府）和皇帝，处处加以阻挠，动辄掣肘，致使王师虽众而无统领。在战场上，各个将领就互相观望，进退失据。肃宗不得已，又诏郭子仪为东畿山南东道河南诸道行营元帅，鱼朝恩因此更加忌妒，密告郭子仪许多不是，因此肃宗又诏郭子仪交卸兵权，回归京师。

郭子仪接到命令，不顾将士的反对，瞒过部下，独自溜走，奉命回京闲居，一点也没有怨尤的表示。

接着，史思明再陷河洛，西戎又逼据首都，经朝廷（政府）的公议，认为郭子仪有功于国家，现在正当大乱未靖，不应该让他闲居散地。肃宗才有所省悟，不得已诏他为诸道兵马都统，后来又赐爵为汾阳王。可是这时候的唐肃宗已经病得快死了，一般臣子都无法见到。郭子仪便再三请求说："老臣受命，将死于外，不见陛下，目不瞑。"因此才得引见于内寝，此时肃宗亲自对郭子仪说：河东的事，完全委托你了！

肃宗死后，当时和郭子仪并肩作战、收复两京的广平王李豫继位，后来称号为唐代宗。代宗又因亲信程元振的谗言，暗忌宿将功大难制，罢免了郭子仪的一切兵权职务，只派他为监督修造肃宗坟墓的山陵使而已。郭子仪愈看愈不对，一面尽力修筑好肃宗的陵寝，一面把肃宗当时所赐给他的诏书敕命千余篇（当然包括机密不可外泄的文件），统统都缴还上去，才使代宗有所感悟，心生惭愧，自诏说："朕不德，诒大臣忧，朕甚自愧，自今公毋疑。"

跟着，梁崇义窃据襄州。叛将仆固怀恩屯汾州，暗中约召回纥、吐蕃寇河西、残泾州，犯奉天、武功。代宗也同他的祖父唐明皇一样，离京避难到陕州。不得已，又匆匆忙忙拜郭子仪为关内副元帅，坐镇咸阳。这个时候，郭子仪因罢官回京以后，平常所带的将士，都已离散，身边只有老部下数十个骑士。他一接到诏命，只好临时凑合出发，藉民兵来补充队伍，一路南下，收集逃兵败将，加以整编，到了武关，又收编驻关防的部队，凑了几千人。后来总算碰到旧日的部将张知节来迎接他，才在洛南扩大阅兵，屯于商丘。因此，又是军威大震，使得吐蕃夜溃遁去，再次收复两京。

大概介绍了郭子仪个人历史的几个重点，就可以看出他的立身处世，真正做到"用之则行，舍之则藏"，不怨天不尤人的风格。

郭子仪带兵素来以宽厚著称，对人也很忠恕。在战场上，沉着而有谋略，而且很勇敢。朝廷（政府）需要他时，一接到命令，不顾一切，马上行动。等到上面怀疑他，要罢免他时，也是不顾一切，马上就回家吃老米饭。所以屡黜屡起，国家不能没有他。像郭子仪这样作为，处处合于老子的“冲而用之或不盈”的大经大法。

无怪其生前享有令名，死后成为历史上富贵寿考四字俱全的绝少数名臣之一。

之二

子谓颜渊曰：“用之则行，舍之则藏。唯我与尔有是夫！”

孔子有一天对颜回说，时代、国家如果用得到我，就出来为国家、天下做事；如果时代、国家不需要我，就退隐，自己藏起来。藏在哪里呢？譬如苏东坡的诗说：“万人如海一身藏”，非常好，尤其适合现在这个时代，古人是要隐藏到山林中去，现在用不着，只要住在公寓房子里，把门一锁，死了都没人知道呢！

孔子还说，这样的情形，只有我和你颜回两人可以做到。因为颜回在孔门是道德修养最好的学生，至于其他的三千弟子，相形之下，就逊色多了。实际上也真的是很难，我们再体验一下。

时代不需要你的时候，你能不怨天，不尤人，默默无闻地活下去，这也做不到。一个人总有自己的牢骚，尤其知识分子们总认为："当今天下，舍我其谁?"假使让我出来，比诸葛亮还高明。所以没有完全认识自己，隐退是很难的。因此孔子对自己得意的弟子颜回说："只有你我两人才做得到。"

/

功成身退

能够做到"功遂身退"，入世又似出世的，历史上有没有这一类性格的典型人物呢？

风格最为标准的，要算梁武帝的名臣韦睿。他善于从政，也善于用兵作战，有诸葛亮纶巾羽扇、指挥若定的神情，又有“上善若水”、“功成不居”的意境。

韦睿，字怀文，京兆杜陵人。他是汉丞相韦贤的后裔，系出名门世族。自少即受郡守祖征的赏识，认为是“干国家，成功业”之才。当南齐紊乱之际，他盱衡人物，认为梁武帝萧衍还可算是命世之才，便决计辅从。历迁太子右卫率，出为辅国将军、豫州刺史，领历阳太守，后迁调合肥，以功晋爵为侯。

梁武帝决心北伐，魏遣中山王元英为征南将军，率兵南来御敌。韦睿奉命统部北伐，屡建奇功。他素来体弱多病，虽在前线作战，也未尝骑马，只乘坐白木板舆，手执白如意，督励将士，勇气无敌。平常与士卒同甘苦，极力爱护部下，令出必行，战无不胜。魏人军中有谣：“不畏萧娘与吕姥，但畏合肥有韦虎。”对他畏惧万分。

当前方军情紧急的时候，梁武帝遣亲信曹景宗与他会师，而且特别对景宗说：“韦睿，卿之乡望，宜善敬之。”因此，景宗见韦睿，执礼甚谨，但每当战胜，景宗与其他将领，都争先上报。独韦睿迟迟报告，不愿争功。

其实，梁萧朝代开创之初，所有的臣僚将佐，莫过韦睿。梁武帝明知他的才能，但始终不委任他作统帅，反而用一个无大才略的宗室临川王萧宏来当元帅，而且又派曹景宗与他并肩作战，在在处处，都心存顾忌。

好在韦睿自知苟全于乱世，隐避林下，并非上策，只有如此行其自处之道，不贪名利，不争功劳，而且还在功成后，深自谦退，以免猜忌。

因此他活到七十九岁而殁，遗嘱但穿常服薄葬便了。总算在他身死的时候，感动得梁武帝亲临恸哭，完成他一生苟全于乱世，“功遂身退，天之道”的名剧。

/

进退之间

令尹子文是春秋战国时代楚国的名相。他的道德、学问都很有修养。“三仕为令尹，无喜色。”他三次上台为相，并没有觉得了不起，一点也没有高兴过。“三已之，无愠色。”三次下台卸官，他也没有难过。

人在上台与下台之间，尽管修养很好，而真能做到淡泊的并不多。一旦发表了好的位置，看看他那个神气，马上不同了。当然，“人逢喜事精神爽”，这也是人情之常，在所难免。如果上台了，还是本色，并没有因此而高兴，这的确是种难得的修养。下台时，朋友安慰他：“这样好，可以休息休息。”他口中回答：“是呀！我求之不得！”但这不一定是真心话。事实上一个普通人并不容易做到安于下台的程度。所以唐人的诗说：“逢人都说休官好，林下何曾见一人?”

其次，上台终有下台时。爬山的朋友都知道，爬上去时固然很难，下山的时候更危险。

因为向上爬很费力很痛苦，一定会小心。走下坡的时候，就满不在乎了，但往往在这时出毛病。

我们可以从爬山体会人生。人“上台终有下台时”，而且老是站在台上，永远演下去就没有意思了。

邦有道不废，邦无道免于刑戮

子谓南容，“邦有道，不废；邦无道，免于刑戮。”

南容非常注重品德的修养，社会上了轨道的太平时代，就需要像南容这样的人才。他不会埋没，一定会出头。南容的才具由此可见。但是凡有才具的人，多半锋芒凌厉，到不得势的时候，一定受不了，满腹牢骚，好像当今天下，舍我其谁？如果我出来，起码可比诸葛亮。有才具的人，往往会有这个毛病，非常严重！

南容的智慧、才具是不会被遗弃的，太平治世自然少不了他；一旦到了混乱的世代，才能越高的人，艰难险阻也越多，甚至生命也越危险，但南容不会。因为当社会乱的时候，也有善于自处，清以自守之道，他绝不会遭遇杀身之祸，可以免于刑戮。换句话说，他擅于用世。不但有用世的才具，也擅于自处之道。因此孔子把自己的亲侄女嫁给他。

图书在版编目(CIP)数据

南怀瑾谈性格与人生/南怀瑾讲述.—3版.—上海:上海人民出版社,2019
(南怀瑾讲述系列)
ISBN 978-7-208-15874-0

Ⅰ.①南… Ⅱ.①南… Ⅲ.①性格-通俗读物 ②人生哲学-通俗读物 Ⅳ.①B848.6-49 ②B821-49

中国版本图书馆CIP数据核字(2019)第098172号

责任编辑 马瑞瑞
封面设计 人马艺术设计・储平

南怀瑾讲述系列
南怀瑾谈性格与人生
南怀瑾 讲述

出　版 上海人民出版社
(200001 上海福建中路193号)
发　行 上海人民出版社发行中心
印　刷 上海盛通时代印刷有限公司
开　本 850×1168 1/32
印　张 3.75
插　页 2
字　数 46,000
版　次 2019年7月第3版
印　次 2020年6月第2次印刷
ISBN 978-7-208-15874-0/B・1402
定　价 25.00元